by James Richard

FACTORIZATION WORKBOOK

April 2020

Copyright © 2020

All rights reserved. No part of this publication may be reproduced, distributed, or transmitted in any form or by any means, including photocopying, recording, or other electronic or mechanical methods, without the prior written permission of the publisher, except in the case of brief quotations embodied in critical reviews and certain other non commercial uses permitted by copyright law. For permission requests, write to the publisher using address below.

delightfulbook@gmail.com

Contents

FACTORIZATION 4
(COMMON MULTIPLE FACTORIZATION) 4
(DIFFERENCE OF TWO SQUARES) 7
(SUM &DIFFERENCE OF TWO CUBES) 9
(FACTORIZATION OF an ∓ bn) 11
(IDENTITIES) 12
(FACTORIZATION OF THE FORM $ax2 + bx + c$) 15
(TEST WITH SOLUTIONS) 18
(QUESTIONS) 27
TEST 1 38
TEST 2 43
TEST 3 48
TEST 4 53
TEST 5 59
TEST 6 65

FACTORIZATION

(COMMON MULTIPLE FACTORIZATION)

$a.x \mp b.x \mp c.x \mp \cdots \ldots \ldots \mp y.x \mp z.x =$
$(a \mp b \mp c \mp \cdots \ldots \mp y \mp z).x$

(*Example*):
$a^2 + a.b = a.a + a.b = a.(a+b)$

(*Example*):
$a^2 - a.x + x = x.x - x.a + x.1 = x.(x - a + 1)$

(*Example*):
$3x^2.y^2.z - 6x.y^2.z^2 = 3.x.x.y^2.z - 3.2.x.y^2.z.z$
$= 3xy^2z.(x - 2z)$

(*Example*):
$15a^2.b - 20ab^2 - 25.a = 5.3a.a.b - 5.4.a.b^2 - 5.5.a$
$= 5.a.(3ab - 4b^2 - 5)$

(**Example**):
$$x^4 - x^3 + x^2 - x = x.x^3 - x.x^2 + x.x - x.1$$
$$= x(x^3 - x^2 + x - 1)$$
$$= x[x^2(x-1) + (x-1)]$$
$$= x.(x-1).(x^2+1)$$

(**Example**):
$$\frac{2.a}{x^2} - \frac{4.b}{x} - \frac{8}{x^3} = \frac{2}{x}.\frac{a}{x} - \frac{2}{x}.2b - \frac{2}{x}.\frac{4}{x^2}$$
$$= \frac{x}{2}\left(\frac{a}{x} - 2b - \frac{4}{x^2}\right)$$

(**Example**):
$$x^2 - bx - ax + ab = x(x-b) - a.(x-b)$$
$$= (x-b).(x-a)$$

(**Example**):
$$x^2.y^2 + xy - x^3 - y^3 = x^2.y^2 - x^3 - y^3 + xy$$
$$= x^2.(y^2 - x) - y.(y^2 - x)$$
$$= (y^2 - x).(x^2 - y)$$

(**Example**):

$$ax - az + ay - by - bx + bz = a.(x - z + y) - b(y + x - z)$$
$$= (x - z + y).(a - b)$$

(**Example**):
$$(x + y).(m + n) - x - y = (x + y).(m + n) - (x + y)$$
$$= (x + y).(m + n - 1)$$

(**Example**):
$$\frac{1}{my} - \frac{1}{ny} - \frac{1}{mx} + \frac{1}{nx} = \frac{1}{y}\left(\frac{1}{m} - \frac{1}{n}\right) - \frac{1}{x}\left(\frac{1}{m} - \frac{1}{n}\right)$$
$$= \left(\frac{1}{m} - \frac{1}{n}\right)\left(\frac{1}{y} - \frac{1}{x}\right)$$

(**Example**):
$$\frac{x}{mk} - \frac{y}{nk} - \frac{x}{mp} + \frac{y}{np} = \frac{x}{mk} - \frac{x}{mp} - \frac{y}{nk} + \frac{y}{np}$$
$$= \frac{x}{m}.\left(\frac{1}{k} - \frac{1}{p}\right) - \frac{y}{n}.\left(\frac{1}{k} - \frac{1}{p}\right)$$
$$= \left(\frac{1}{k} - \frac{1}{p}\right).\left(\frac{x}{m} - \frac{y}{n}\right)$$

(DIFFERENCE OF TWO SQUARES)

$a^2 - b^2 = (a - b).(a + b)$

(**Example**):

$a^2 - 49 = a^2 - 7^2 = (a - 7).(a + 7)$

(**Example**):

$1 - y^2 = 1^2 - y^2 = (1 - y).(1 + y)$

(**Example**):

$4a^2 - 9 = (2a)^2 - 3^2 = (2a - 3).(2a + 3)$

(**Example**):

$1\frac{7}{9}a^3b^2 - 1\frac{11}{25}ab^2 = a\left(\frac{16a^2b^2}{9} - \frac{36b^2}{25}\right)$

$= \left(\left(\frac{4ab}{3}\right)^2 - \left(\frac{6b}{5}\right)^2\right)$

$= a\left(\frac{4ab}{3} - \frac{6b}{5}\right).\left(\frac{4ab}{3} + \frac{6b}{5}\right)$

(**Example**):

$\frac{4}{x^2} - \frac{9}{4y^2} = \left(\frac{2}{x}\right)^2 - \left(\frac{3}{2y}\right)^2$

$= \left(\frac{2}{x} - \frac{3}{2y}\right).\left(\frac{2}{x} + \frac{3}{2y}\right)$

(**Example**):

$x^4 - 13x^2 + 36 = x^4 - 9x^2 - 4x^2 + 36$

$= x^2(x^2 - 9) - 4(x^2 - 9)$

$= (x^2 - 9).(x^2 - 4)$

$$= (x-3).(x+3).(x-2).(x+2)$$

(SUM &DIFFERENCE OF TWO CUBES)

$a^3 - b^3 = (a - b).(a^2 + ab + b^2)$

$a^3 + b^3 = (a + b).(a^2 - ab + b^2)$

(*Example*):

$x^3 - 27 = x^3 - 3^3 = (x - 3).(x^2 + 3x + 9)$

(*Example*):

$1 + y^3 = 1^3 + y^3 = (1 + y).(1 - y + y^2)$

(*Example*):

$a^{-3} + b^{-3} = \left(\frac{1}{a}\right)^3 + \left(\frac{1}{b}\right)^3 = \left(\frac{1}{a} + \frac{1}{b}\right).\left[\frac{1}{a^2} - \frac{1}{ab} + \frac{1}{b^2}\right]$

(*Example*):

$16a^3 - 250b^3 = 2.(8a^3 - 125b^3)$

$\qquad\qquad\quad = 2.((2a)^3 - (5b)^3)$

$\qquad\qquad\quad = 2.(2a - 5b).(4a^2 + 10ab + 25b^2)$

(*Example*):

$\frac{a^3}{8} + \frac{8b^3}{27} = \left(\frac{2b}{3}\right)^3 = \left(\frac{a}{2} + \frac{2b}{3}\right).\left(\frac{a^2}{4} - \frac{ab}{3} + \frac{4b^2}{9}\right)$

(*Example*):

$8a^3 - \frac{64}{a^3} = (2a)^3 - \left(\frac{4}{a}\right)^3$

$\qquad\qquad = \left(2a - \frac{4}{a}\right).\left(4a^2 + 8 + \frac{16}{a^2}\right)$

(FACTORIZATION OF $a^n \mp b^n$)

$a^n - b^n = (a-b).(a^{n-1} + a^{n-2}b + a^{n-3}b^2 + .. + b^{n-1})$

$a^n + b^n = (a+b).(a^{n-1} - a^{n-2}b + a^{n-3}b^2 - .. + b^{n-1})$

(*Example*):

$x^5 - y^5 = (x-y).(x^4 + x^3y + x^2y^2 + xy^3 + y^4)$

(*Example*):

$1 + x^7 = 1^7 + x^7 = (1+x).(1^6 - 1^5.x + 1^4.x^3 + 1^2x^4 - 1.x^5 + x^6)$

$\qquad\qquad = (1+x).(1 - x + x^2 - x^3 + x^4 - x^5 + x^6)$

(*Example*):

$(2y)^6 - \left(\frac{x}{2}\right)^6 = \left(2y - \frac{x}{2}\right)\left[(2y)^5 + (2y)^4.\frac{x}{2} + (2y)^3\left(\frac{x}{2}\right)^2 + (2y)^2\left(\frac{x}{2}\right)^3 + (2y).\left(\frac{x}{2}\right)^4 + \left(\frac{x}{2}\right)^5\right]$

$= \left(2y - \frac{x}{2}\right)\left(32y^5 + 8y^4x + 2y^3.x^2 + \frac{y^2x^3}{2} + \frac{yx^4}{8} + \frac{x^5}{32}\right)$

(IDENTITIES)

$(a + b)^2 = a^2 + 2ab + b^2$

$(a - b)^2 = a^2 - 2ab + b^2$

$(a + b + c)^2 = a^2 + b^2 + c^2 + 2.(ab + ac + bc)$

$(a + b)^3 = a^3 + 3a^2b + 3ab^2 + b^3$

$(a - b)^3 = a^3 - 3a^2b + 3ab^2 - b^3$

(**Example**):

$a + b = 12 \ (and) \ a.b = 10 \Rightarrow a^2 + b^2 = ?$

A) 32 B) 48 C) 64 D) 96 E) 124

(**Solution**):

$a^2 + b^2 = (a + b)^2 - 2ab$

$a^2 + b^2 = 12^2 - 2 . 10$

$144 - 20$

124

(**Example**):

$a + \frac{1}{a} = 3\sqrt{2} \Rightarrow a^2 + \frac{1}{a^2} = ?$

A) 9 B) 12 C) 16 D) 24 E) 32

(**Solution**):

$\left(a + \frac{1}{a}\right)^2 = \left(3\sqrt{2}\right)^2$

$a^2 + 2.a.\frac{1}{a} + \frac{1}{a^2} = 18$

$a^2 + \frac{1}{a^2} = 18 - 2$

$a^2 + \frac{1}{a^2} = 16$

(**Example**):

$x - \frac{4}{x} = -2 \Rightarrow x^3 - \frac{64}{x^3} = ?$

A)8   B)4   C) − 16   D) − 32   E) − 64

(**Solution**):

$\left(x - \frac{4}{x}\right)^3 = (-2)^3$

$x^3 - 3.x^2.\frac{4}{x} + 3.x.\frac{16}{x^2} - \frac{64}{x^3} = -8$

$x^3 - 12x + \frac{48}{x} - \frac{64}{x^3} = -8$

$x^3 - 12\left(x - \frac{4}{x}\right) - \frac{64}{x^3} = -8$

$x^3 - 12.(-2) - \frac{64}{x^3} = -8$

$x^3 - \frac{64}{x^3} = -8 - 24$

$x^3 - \frac{64}{x^3} = -32$

(**Example**):

$a + b = -2$ (and) $a.b = -15 \Rightarrow a^3 + b^3 = ?$

(**Solution**):

$a^3 + b^3 = (a + b)^3 - 3ab(a + b)$

$a^3 + b^3 = (-2)^3 - 3.(-15).(-2)$

$$= -8 - 90$$
$$= -98$$

(FACTORIZATION OF THE FORM $ax^2 + bx + c$)

$m, n, k, l \in R$

$c = m.n \qquad a = k.l, \qquad b = k.n + l.m$

$\Rightarrow ax^2 + bx + c = (k.x + m).(l.x + n)$

(**Example**):

$x^2 + 7x + 12$

(**Solution**):

$x^2 + 7x + 12$

$3x + 4x = 7x$

$x^2 + 7x + 12 = (x + 4).(x + 3)$

(**Example**):

$6x^2 - 19x + 15 = ?$

(**Solution**):

$6x^2 - 19x + 15 = ?$

$-9x - 10x = -19x$

$6x^2 - 19x + 15 = (3x - 5).(2x - 3)$

(**Example**):

$2x^2 + 5ax - 3a^2$

(**Solution**):

$2x^2 + 5ax - 3a^2$

$6ax - ax = 5ax$

$2x^2 + 5ax - 3a^2 = (2x - a).(x + 3a)$

(**Example**):

$m^4 + 6m^2 + 9 = ?$

(**Solution**):

$m^4 + 6m^2 + 9$

$3m^2 + 3m^2 = 6m^2$

$m^4 + 6m^2 + 9 = (m^2 + 3).(m^2 + 3)$

(**Example**):

$(5 - 3x)^2 + 4.(5 - 3x) - 21 = ?$

(**Solution**):

$5 - 3x = 1$

$(5 - 3x)^2 + 4(5 - 3x) - 21 = t^2 + 4t - 21$

$\qquad\qquad\qquad = (t + 7)(t - 3)$

$\qquad\qquad\qquad = (5 - 3x + 7)(5 - 3x - 3)$

$\qquad\qquad\qquad = (12 - 3x)(2 - 3x)$

$$= 3(4-x)(2-3x)$$

(Example):

$x^4 + 4y^4 = ?$

(Solution):

$$x^4 + 4y^4 = x^4 + 4x^2y^2 + 4y^4 - 4x^2y^2$$
$$= (x^2 + 2y^2)^2 - (2xy)^2$$
$$= (x^2 + 2y^2 - 2xy).(x^2 + 2y^2 + 2xy)$$

(Example):

$x^4 - 23x^2 + 1 = ?$

(Solution):

$$x^4 - 23x^2 + 1 = x^4 + 2x^2 + 1 - 25x^2$$
$$= (x^2 + 1)^2 - (5x)^2$$
$$= (x^2 + 1 - 5x).(x^2 + 1 + 5x)$$

(TEST WITH SOLUTIONS)

1. $2a + 3 - \dfrac{2a^2+3a-9}{2a-3} = ?$

A) 1 B) a C) $a+12$ D) $\dfrac{a}{3-2a}$ E) $\dfrac{2}{3-2a}$

(*Solution*):

$$2a + 3 - \dfrac{2a^2+3a-9}{2a-3} = 2a + 3 - \dfrac{(2a-3)(a+3)}{2a-3}$$

$$= 2a + 3 - (a+3)$$

$$= a$$

2. $\dfrac{3}{a-2} + \dfrac{2a+4}{a^2-4} = ?$

A) $\dfrac{3}{a+2}$ B) $\dfrac{2}{a+2}$ C) $\dfrac{5}{a-2}$ D) $\dfrac{3}{a-2}$ E) $\dfrac{2}{a-2}$

(*Solution*):

$$\dfrac{3}{a-2} + \dfrac{2(a+2)}{(a-2)(a+2)} = \dfrac{3}{a-2} + \dfrac{2}{a-2} = \dfrac{5}{a-2}$$

3. $\dfrac{x^2-a^2}{a^2x-ax^2} = ?$

A) $\dfrac{1}{ax}$ B) $\dfrac{x}{a}$ C) $\dfrac{x-a}{ax}$ D) $\dfrac{-x-a}{ax}$ E) $\dfrac{x+a}{ax}$

(**Solution**):

$$\frac{(x-a)(x+a)}{ax(a-x)} = \frac{-(a-x)\cdot(x+a)}{ax\cdot(a-x)} = \frac{-x-a}{ax}$$

4. $\dfrac{a^3-a^2+a-1}{a^2-a} = ?$

A) $\dfrac{a^2+1}{a}$ B) $\dfrac{a^2-1}{a}$ C) $\dfrac{a}{a-1}$ D) $\dfrac{a}{a+1}$ E) $\dfrac{a^2+1}{a-1}$

(**Solution**):

$$\frac{a^2\cdot(a-1)+(a-1)}{a\cdot(a-1)} = \frac{(a-1)(a^2+1)}{a\cdot(a-1)} = \frac{a^2+1}{a}$$

5. $\dfrac{2ax^3-8x^3x}{3ax^2-6a^2x} = ?$

A) $\dfrac{2(x-2a)}{a}$ B) $\dfrac{x+2a}{3x}$ C) $\dfrac{x-2a}{3x-a}$ D) $\dfrac{2(x-2a)}{3(x+a)}$ E) $\dfrac{2(x+2a)}{3}$

(**Solution**):

$$\frac{2a\cdot(x^2-4a^2)}{3ax\cdot(x-2a)} = \frac{2\cdot(x-2a)(x+2a)}{3\cdot(x-2a)} = \frac{2(x+2a)}{3}$$

6. $\dfrac{1-a}{a} + \dfrac{a}{a+1} = ?$

A) $\frac{a-1}{a}$ B) $\frac{a}{a-1}$ C) $\frac{a}{a+1}$ D) $\frac{1}{a.(a-1)}$ E) $\frac{1}{a.(a+1)}$

(**Solution**):

$$\frac{(1-a)(a+1)+a^2}{a.(a+1)} = \frac{1-a^2+a^2}{a.(a+1)} = \frac{1}{a.(a+1)}$$

7. $\dfrac{x^2-\frac{1}{4}}{x-\frac{1}{2}} - \dfrac{1}{2} = ?$

A) x B) $\frac{x}{2}$ C) $\frac{1}{2}$ D) $2x$ E) $-x$

(**Solution**):

$$\frac{x^2-\frac{1}{4}}{x-\frac{1}{2}} - \frac{1}{2} = \frac{\left(x-\frac{1}{2}\right).\left(x+\frac{1}{2}\right)}{x-\frac{1}{2}} - \frac{1}{2} = x + \frac{1}{2} - \frac{1}{2} = x$$

8. $\dfrac{x}{\frac{1}{x}+1} + \dfrac{x}{x+1} = ?$

A) $x-1$ B) $x+1$ C) x D) 1 E) $-x$

(**Solution**):

$$\frac{x}{\frac{1+x}{x}} + \frac{x}{x+1} = \frac{x^2}{1+x} + \frac{x}{x+1} = \frac{x^2+x}{x+1}$$

$$= \frac{x(x+1)}{x+1}$$

$$= x$$

9. $\dfrac{ax-1}{abx^2-(a+b)x+1} = ?$

A) $\dfrac{-1}{bx-}$ B) $\dfrac{1}{ax+1}$ C) $\dfrac{1}{ax-1}$ D) $\dfrac{1}{bx-1}$ E) $\dfrac{1}{bx+1}$

(Solution):

$$\frac{ax-1}{ab^{\,2}-(a+b)x+1} = \frac{ax-1}{(ax-1)(bx-1)} = \frac{1}{bx-1}$$

10. $\dfrac{5^{20}-3^{20}}{5^{15}+5^{10}.3^5+5^5.3^{10}+3^{15}} + 3^5 = x^5 \Rightarrow x = ?$

A) 3   B) 4   C) 5   D) 6   E) 7

(Solution):

$$\frac{(5^5)^4-(3^5)^4}{5^{15}+5^{10}.3^5+5^5.3^{10}+3^{15}} + 3^5 = x^5$$

$$\frac{(5^5-3^5)(5^{15}+5^{10}.3^5+5^5.3^{10}+3^{15})}{5^{15}+5^{10}.3^5+5^5.3^{10}+3^{15}} + 3^5 = x^5$$

21

$5^5 - 3^5 + 3^5 = x^5 \Rightarrow 5^5 = x^5 \Rightarrow x = 5$

11. $\left.\begin{array}{l} x+y=5 \\ x.y=3 \end{array}\right\} \Rightarrow x^2 + y^2 + 2 =?$

A) 15   B) 17   C) 19   D) 21   E) 23

(**Solution**):

$x + y = 5 \Rightarrow (x+y)^2 = 5^2$

$x^2 + 2xy + y^2 = 25 = x^2 + 2.3 + y^2 = 25$

$\qquad\qquad\qquad x^2 + y^2 = 19$

$\qquad\qquad \Rightarrow x^2 + y^2 + 2 = 19 + 2$

$\qquad\qquad\qquad\qquad = 21$

12. $\left.\begin{array}{l} x+y=4 \\ x.y=2 \end{array}\right\} \Rightarrow x^3 + y^3 =?$

A) 36   B) 40   C) 44   D) 48   E) 52

(**Solution**):

$x + y = 4 \Rightarrow (x+y)^3 = 4^3$

$x^3 + 3x^2y + 3xy^2 + y^3 = 64$

$x^3 + 3xy(x+y) + y^3 = 64$

$x^3 + 3.2.4 + y^3 = 64$

$x^3 + y^3 = 40$

13. $\left.\begin{array}{l}a^2+b^2+c^2=29\\a+b+c=9\end{array}\right\} \Rightarrow ab+ac+bc=?$

A) 26   B) 30   C) 38   D) 40   E) 45

(**Solution**):

$a+b+c=9 \Rightarrow (a+b)c^2=9^2$

$\dfrac{a^2+b^2+c^2}{29}+2.(ab+ac+bc)=81$

$29+2.(ab+ac+bc)=81$

$\dfrac{2.(ab+ac+bc)}{2}=\dfrac{52}{2}$

$ab+ac+bc=26$

14. $\dfrac{a}{a-1}-\dfrac{2}{a^2-1}+\dfrac{a}{a+1}=?$

A) $2a-\dfrac{1}{2}$ B) $a+2$ C) $2a^2$ D) a^2-
                              E) 2

(**Solution**):

$\dfrac{a.(a+1)-2+a.(a-1)}{a^2-1}=\dfrac{a^2+a-2+a^2-a}{a^2-1}=\dfrac{2a^2-2}{a^2-1}$

$=\dfrac{2.(a^2-1)}{a^2-1}$

$=2$

15. $\dfrac{(a+b)^2-11.(a+b)+28}{a+b-4}=?$

A) $a + b - 7$ B) $a + b + 7$ C) $a - b - 7$

D) $a + 7$ E) $a - 7$

(**Solution**):

$$\frac{(a+b)^2-11.(a+b)+28}{a+b-4} = \frac{(a+b-4)(a+b-7)}{a+b-4}$$

$$= a + b - 7$$

16. $\frac{(a+2)^2-(2+3a)^2}{a-a^3} = ?$

A) $\frac{8a}{a-1}$ B) $\frac{a+1}{4a}$ C) $\frac{8}{a-1}$ D) $\frac{4}{a+1}$ E) $\frac{a-1}{4a}$

(**Solution**):

$$\frac{(a+2)^2-(2a+3a)^2}{a-a^3} = \frac{[a+2-2(2+3a)][a+2+(2+3a)]}{a(1-a^2)}$$

$$= \frac{(a+2-2-3a)(a+2+2+3a)}{a.(1-a).(1-a)}$$

$$= \frac{-2a.(4a+4)}{a.(1-a).(1+a)}$$

$$= \frac{-2.4(a+1)}{1-a}$$

$$= \frac{8}{a-1}$$

17. $\left(\frac{a+3}{a-2} - \frac{3-a}{2-a}\right).(4 - a^2) = ?$

A) $-6a + 2$ B) $-6(a - 2)$ C) $6(a - 2)$

D) $-6(a+2)$ E) $6(a+2)$

(**Solution**):

$$\left(\frac{a+3}{a-2} - \frac{3-a}{2-a}\right) \cdot (4-a^2) = \left(\frac{a+3}{a-2} + \frac{3-a}{a-2}\right) \cdot (4-a^2)$$

$$= \left(\frac{a+3+3-a}{a-2}\right) \cdot (4-a^2)$$

$$= \frac{6}{a-2} \cdot (2-a)(2+a)$$

$$= \frac{-6 \cdot (a-2)(a+2)}{a-2}$$

$$= -6(a+2)$$

18. $m \in Z^+$, $\dfrac{x^2 - mx + 21}{x^2 - 9x + 14}$,

(**Which of the following can be equal to this fraction**)

A) $\dfrac{x+3}{x-2}$ B) $\dfrac{x-3}{x-2}$ C) $\dfrac{x+7}{x-2}$

D) $\dfrac{x-7}{x-2}$ E) $\dfrac{x+3}{x-7}$

(**Solution**):

$$\frac{x^2 - mx = 2}{x^2 - 9x + 1} = \frac{x^2 - mx + 2}{(x-2)(x-7)}$$

$$= \frac{(x-3)(x-7)}{(x-2) \cdot (x-7)}$$

$$= \frac{x-3}{x-2}$$

19. $\dfrac{6x^2+x-1}{4x^2-1}=?$

A) $\dfrac{2x-1}{2x+1}$ B) $\dfrac{1}{2x-3}$ C) $\dfrac{2x-2}{3x-1}$

D) $\dfrac{3x+1}{2x+1}$ E) $\dfrac{3x-1}{2x-1}$

(**Solution**):

$$\dfrac{6x^2+x-1}{4x^2-1} = \dfrac{(3x-1).(2x+1)}{(2x-1).(2x+1)}$$

$$= \dfrac{3x-1}{2x-1}$$

(QUESTIONS)

1. $\dfrac{a^2-b^2+2a+1}{a+1+b} = ?$

A) $a + 3b + 1$ B) $3a - b + 1$ C) $a - b + 1$

D) $a - b + 3$ E) $a + b - 1$

(**Solution**):

$$\dfrac{a^2-b^2+2a+1}{a+1+b} = \dfrac{a^2+2a+1-b^2}{a+1+b}$$

$$= \dfrac{(a+1)^2-b^2}{a+1+b}$$

$$= \dfrac{(a+1-b)(a+1+b)}{(a+1+b)}$$

$$= a + 1 - b$$

2. $\dfrac{1-x}{1-\sqrt{x}} = ?$

A) $\sqrt{x}$ B) $1 + \sqrt{x}$ C) $x\sqrt{x} - 1$

D) $x - \sqrt{x}$ E) $-1 - x\sqrt{x}$

(**Solution**):

$$\dfrac{1-x}{1-\sqrt{x}} = \dfrac{(1-\sqrt{x}).(1+\sqrt{x})}{1-\sqrt{x}}$$

$$= 1 + \sqrt{x}$$

3. $x > 0, y > 0, x^2 + y^2 = 34, 2y = \dfrac{30}{x} \Rightarrow (x+y)^2 = ?$

A)4   B)$\sqrt{30}$ C)$\sqrt{34}$ D)49   E)64

(**Solution**):

$2y = \frac{30}{x} \Rightarrow 2xy = 30$

$(x+y)^2 = x^2 + 2xy + y^2$

$\qquad\quad = x^2 + y^2 + 2xy$

$\qquad\quad = 34 + 30$

$\qquad\quad = 64$

4. $\frac{(x+1).a^x}{a^{x+1}} - \frac{1}{a} = ?$

A)$\frac{x}{a}$ B)$\frac{a}{x-a}$ C)$\frac{a^x-1}{a}$ D)$\frac{xa}{a^x}$ E)$\frac{x-1}{a^x}$

(**Solution**):

$\frac{(x+1).a^x}{a^x.a} - \frac{1}{a} = \frac{x+1}{a} - \frac{1}{a} = \frac{x+1}{a} = \frac{x}{a}$

5. $\frac{2ax^2+ax}{a^2x^3-x} \cdot \frac{ax+1}{2x+1} = ?$

A)$\frac{a}{ax-1}$ B)$\frac{1}{x-1}$ C)$\frac{ax-1}{ax^2+1}$ D)$\frac{2a}{x-2}$ E)$\frac{2+a}{ax-1}$

(**Solution**):

$\frac{ax.(2x+1)}{x(a^2x^2-1)} \cdot \frac{ax+1}{2x+1} = \frac{ax.(ax+1)}{x(ax-1)(ax+1)} = \frac{a}{ax-1}$

6. $\frac{x^2-4}{x^2+7x+10} \cdot \frac{2x+10}{4} = ?$

A) $\dfrac{2}{6x+5}$ B) $\dfrac{x+2}{7x}$ C) $\dfrac{x-2}{5x+10}$ D) $\dfrac{x+4}{2}$ E) $\dfrac{x-2}{2}$

(**Solution**):

$$\dfrac{(x-2)(x+2)}{(x+2)(x+5)} \cdot \dfrac{2(x+5)}{4} = \dfrac{x-2}{2}$$

7. $\dfrac{x^2-9}{x^2+x-12} \cdot \dfrac{3x+12}{x^2+2x-3} = ?$

A) $\dfrac{3}{x}$ B) $\dfrac{1}{x+1}$ C) $\dfrac{3}{x-1}$ D) $\dfrac{x}{x+3}$ E) $\dfrac{x+3}{x-1}$

(**Solution**):

$$\dfrac{(x-3)(x+3)}{(x+4)(x-3)} \cdot \dfrac{3(x+4)}{(x+3)(x-1)} = \dfrac{3}{x-1}$$

8. $\dfrac{x-y}{x+y} \cdot \dfrac{4x+2y}{2x^2-xy-y^2} = ?$

A) $\dfrac{x-y}{2x+y}$ B) $\dfrac{2x+y}{x+y}$ C) $\dfrac{2}{x+y}$ D) $\dfrac{1}{2x-y}$ E) $\dfrac{x-y}{2x-y}$

(**Solution**):

$$\dfrac{x-y}{x+y} \cdot \dfrac{2(2x+y)}{(2x+y).(x-y)} = \dfrac{2}{x+y}$$

9. $\dfrac{a^3-b^3}{a^2b+ab^2+b^3} \cdot \dfrac{2b^2+2ab}{a^2-b^2} = ?$

A) $\dfrac{2b}{a^2+ab+b^2}$ B) $\dfrac{2(a+b)}{ab}$ C) $\dfrac{2}{ab}$ D) $2a$ E) 2

(**Solution**):

$$\dfrac{(a-b)(a^2+ab+b^2)}{b(a^2+ab+b^2)} \cdot \dfrac{2b(b+a)}{(a-b)(a+b)} = 2$$

10. $\dfrac{x+3}{3} + \dfrac{3}{x-3} = ?$

A) $\dfrac{x+6}{x}$ B) $\dfrac{x^2}{3x-9}$ C) $\dfrac{3x}{x-1}$ D) $\dfrac{x^2+3x}{3x-9}$ E) $\dfrac{3x}{x+1}$

(**Solution**):

$$\dfrac{(x+3)(x-3)+9}{3 \cdot (x-3)} = \dfrac{x^2-9+9}{3x-9} = \dfrac{x^2}{3x-9}$$

11. $\dfrac{x^4 - 2a^2 x^3 + a^4 x^2}{a^4 - 2a^2 x + x^2} = ?$

A) 1   B) a C) x^2 D) x E) $\dfrac{1}{2}$

(**Solution**):

$$\dfrac{x^4 - 2a^2 x^3 + x^4 x^2}{a^4 - 2a^2 x + x^2} = \dfrac{x^2(x^2 - 2a^2 x + a^4)}{a^4 - 2a^2 x + x^2}$$

$= x^2$

12. $\dfrac{a + a^2 - a^2 - 1}{a^2 - 1} = ?$

A) $1 - a^2$ B) $a^2 - 1$ C) $a + 1$ D) $a - 1$ E) $1 - a$

(**Solution**):

$$\dfrac{a - 1 - a^3 + a^2}{a^2 - 1} = \dfrac{(a-1) - a^2(a-1)}{a^2 - 1} = \dfrac{(a-1)(1-a^2)}{a^2 - 1}$$

$$\dfrac{-(a-1)(a^2-1)}{a^2 - 1} = -a + 1 = 1 - a$$

13. $\dfrac{6a^2 + 13ab + 6b^2}{2a + 3b} = ?$

A) $2(3b + a)$ B) $3(a + b)$ C) $3a + 6b$

D)$3a + 2b$ E)$3a\_2b$

(**Solution**):

$$\frac{(3a+2b)(2a+3b)}{2a+3b} = 3a + 2b$$

14. $\frac{a^6+64}{a^2+4} = ?$

A)$a^4 - 4a^2 + 16$ B)$a^4 + 4a^2 + 16$ C)$a^4 - 8a^2 + 16$

D)$a^4 + 8a^2 + 16$ E)$a^4 + 16$

(**Solution**):

$$\frac{(a^2)^3+4^3}{a^2+4} = \frac{(a^2+4)(a^4-4a^2+16)}{a^2+4}$$

$$= a^4 - 4a^2 + 16$$

15. $\left(\frac{x-y}{x} + \frac{y-x}{y}\right) : \frac{x-y}{xy} = ?$

A)$y(y-x)$ B)$x(x-y)$ C)$-(x+y)$

D)$x - y$ E)$y - x$

(**Solution**):

$$\frac{xy-y^2+xy-x^2}{xy} \cdot \frac{xy}{x-y} = \frac{-x^2+2xy-y^2}{x-y}$$

$$= \frac{(x^2-2xy+y^2)}{x-y} = \frac{-(x-y)^2}{x-y} = -(x-y)$$

$$= y - x$$

16. $\dfrac{a.(a-2)-a+2}{a-2} = ?$

A) $a-1$ B) $a-2$ C) $a+1$ D) $1-a$ E) $2a+1$

(Solution):

$\dfrac{a.(a-2)-a+2}{a-1} = \dfrac{a(a-2)-(a-2)}{a-2}$

$= \dfrac{(a-2).(a-1)}{(a-1)} = a-2$

17. $a-b = 7, a+c = 14, \Rightarrow a^2 - bc - ab + ac = ?$

A) 49   B) 63   C) 64   D) 98   E) 105

(Solution):

$a^2 - bc - ab + ac = a^2 - ab + ac - bc$

$= a.(a-b) + c.(a-b)$

....

$= (a-b).(a+c)$

$= 7.14$

$= 98$

18. $\left[\dfrac{a}{b} - \left(2 - \dfrac{b}{a}\right)\right] : \dfrac{a-b}{ab} = ?$

A) $-ab$ B) $2ab$ C) $a+b$ D) $b-a$ E) $a-b$

(Solution):

$$\left(\underset{(a)}{\frac{a}{b}} - \underset{(ab)}{\frac{2}{1}} + \underset{(b)}{\frac{b}{a}}\right) \cdot \frac{ab}{a-b} = \frac{a^2-2ab+b^2}{ab} \cdot \frac{ab}{a-b}$$

$$= \frac{(a-b)^2}{a-b} = a - b$$

19. $x^2 - 3x - 5 = 0 \Rightarrow \frac{x^3+27}{2x+6} = ?$

A)5 B)6 C)7 D)8 E)10

(**Solution**):

$$\frac{(x+3)(x^2-3x+9)}{2 \cdot (x+3)} = \frac{x^2-3x+9}{2}$$

$$= \frac{x^2-3x-5+14}{2} = \frac{0+14}{2} = 7$$

20. $\frac{8 \cdot (x^2-4) \cdot (x+2)}{[(x+2)(x-1)]^2-[(x-3)(x+2)]^2} = ?$

A)1 B)2 C)4 D)8x E)$\frac{2(x-2)}{x-5}$

(**Solution**):

$$\frac{8 \cdot (x^2-4) \cdot (x+2)}{(x^2+x-2)^2-(x^2-x-6)^2}$$

$$= \frac{8 \cdot (x^2-4) \cdot (x+2)}{[(x^2+x-2)-(x^2-x-6)] \cdot [(x^2+x-2)+(x^2-x-6)]}$$

$$= \frac{8 \cdot (x^2-4) \cdot (x+2)}{2(x+2) \cdot 2(x^2-4)} = \frac{8}{4} = 2$$

21. $a - \dfrac{1}{a} = 4 \Rightarrow a^2 + \dfrac{1}{a^2} = ?$

A) 18   B) 16   C) 14   D) 12   E) 10

(**Solution**):

$\left(a - \dfrac{1}{a}\right)^2 = 4^2 = a^2 - 2.a.\dfrac{1}{a} + \dfrac{1}{a^2} = 16 \Rightarrow a^2 + \dfrac{1}{a^2} = 18$

22. $x = \dfrac{3}{8}, y = \dfrac{11}{16}, \Rightarrow \dfrac{x^2 + 2xy + 4y^2}{x^3 - 8y^3} = ?$

A) $-\dfrac{3}{8}$ B) -1 C) $\dfrac{5}{16}$ D) $\dfrac{13}{16}$ E) 2

Solution):

$\dfrac{x^2 + 2xy + 4y^2}{x^3 - 8y^3} = \dfrac{x^2 + 2xy + 4y^2}{x^3 - (2y)^3}$

$= \dfrac{x^2 + 2xy + 4y^2}{(x - 2y)(x^2 + 2xy + 4y^2)} = \dfrac{1}{x - 2y}$

$= \dfrac{1}{\dfrac{3}{8} - 2 \cdot \dfrac{11}{16}}$

$= \dfrac{1}{-1} = -1$

23. $\dfrac{a^3 - ab^2 + b^2 - a^2}{a^3 - a^2 b - 2a^2 + 2ab + a - b} = ?$

A) $\dfrac{a-b}{a+1}$ B) $\dfrac{a-b}{a+b}$ C) $\dfrac{a-1}{a-b}$ D) $\dfrac{a+b}{a+1}$ E) $\dfrac{a+1}{a-1}$

(**Solution**):

$\dfrac{a^3 - ab^2 + b^2 - a^2}{a^3 - a^2 b - 2a^2 + 2ab + a - b}$

$= \dfrac{a(a^2 - b^2) - (a^2 - b^2)}{a^2(a - b) - 2a(a - b) + (a - b)}$

$$= \frac{(a^2-b^2)(a-1)}{(a-b)(a^2-2a+1)} = \frac{(a-b)(a+b)(a-1)}{(a-b)(a-1)^2}$$

$$= \frac{a+b}{a-1}$$

24. $5003^2 - 4997^2 = ?$

A)10^4 B)3.10^4 C)6.10^4 D)3.105   E)6.105

(**Solution**):

$(5003 - 4997).(5003 + 4997) = 6.10000 = 6.10^4$

25. $\frac{(3+5a)^2-(a+3)^2}{a^3-a} = ?$

A)$\frac{24}{a-1}$ B)$\frac{24}{a+1}$ C)$\frac{12}{a-1}$ D)$\frac{12}{a+1}$ E)$24(a-1)$

(**Solution**):

$$\frac{(3+5a-a-3)(3+5a+a+3)}{a(a-1)(a+1)}$$

$$\frac{4a.(6a+6)}{a.(a-1)(a+1)} = \frac{24}{a-1}$$

26. $(99)^2 - 4 = ?$

A)8097   B)8797   C)9097   D)9797   E)9977

(**Solution**):

$99^2 - 2^2 = (99-2)(99+2)$

$\qquad = 97.101$

$\qquad = 9797$

27. $x^3 + 2 = 3x^2 \Rightarrow 3x + \frac{6}{x^2} = ?$

A) 6　　B) 9　　C) 12　　D) 13　　E) 15

(**Solution**):

$x^3 + 2 - 3x^2 \Rightarrow x^3 = 3x^2 - 2$

$3x + \frac{6}{x^2} = \frac{3x^3}{x^2} = \frac{3(3x^2-2)+6}{x^2}$

$= \frac{9x^2-6+6}{x^2} = 9$

28. $x^2 + y^2 - 2xy - 4 = 0 \Rightarrow |x - y| = ?$

A) -3　　B) -1　　C) 1　　D) 2　　E) 4

(**Solution**):

$(x - y)^2 = 4 \Rightarrow |x - y| = 2$

29. $\frac{(1.75)^2-(1.25)^2}{(2.25)^2-(1.75)^2} = ?$

A) $\frac{3}{4}$　　B) $\frac{1}{4}$　　C) 1　　D) 3　　E) 4

(**Solution**):

$\frac{(1,75-1,25).(1,75+1,25)}{(2,25-1,75).(2,25+1,75)}$

$= \frac{0.5 \cdot 3}{0,5 \cdot 4} = \frac{3}{4}$

30. $\frac{(x^2-2x+4).(x^2-4)}{x^3+8} = ?$

A) $\frac{1}{x-2}$ B) $\frac{1}{x+2}$ C) $x-2$ D) $x=2$ E) $\frac{x+2}{x-2}$

(**Solution**):

$$\frac{(x^2-2x+4)(x-2)(x+2)}{(x+2)(x^2-2x+4)} = x-2$$

31. $\frac{(cd-1)^2-(c-d)^2}{(d^2-1)(c-1)} = 5 \Rightarrow c = ?$

A) 2 B) 3 C) 4 D) 5 E) 6

(**Solution**):

$$\frac{c^2d^2-2cd+1-c^2-d^2+2cd}{(d^2-1)(c-1)} = 5$$

$$\frac{c^2d^2+1-c^2-d^2}{(d^2-1)(c-1)} = 5$$

$$\frac{c^2(d^2-1)-(d^2-1)}{(d^2-1)(c-1)} = 5$$

$$\frac{(d^2-1).(c^2-1)}{(d^2-1)(c-1)} = 5$$

$c+1 = 5$

$c = 4$

TEST 1

1. $\dfrac{x^2-18}{x^2-6x+16} : \dfrac{2x+8}{x-4} = ?$

   A) $\dfrac{1}{2}$ B) 3   C) $\dfrac{4}{3}$ D) $\dfrac{2}{5}$ E) 7

2. $\dfrac{x^2+4}{x^2-3x-4} = \dfrac{Ax}{x+1} + \dfrac{B}{x-4} \Rightarrow B+A = ?$

   A) 2   B) 3   C) 4   D) 5   E) 6

3. $\dfrac{1}{x-3} - \dfrac{x-2}{x-3} : \dfrac{x^2-9}{x^3-2x^2-9x+18} = ?$

   A) 0   B) 1   C) $3-x$ D) $2-x$ E) x^2

4. $\dfrac{2^{2x}-2^{-2x}}{2^x-2^{-x}} = ?$

   A) 2^x B) $1+2^x$ C) $2^x - 2^{-x}$ D) $2^x + 2^{-x}$ E) $2^x + 2^{2x}$

5. $\dfrac{x}{y} - \dfrac{y}{x} = \sqrt{2} \Rightarrow \dfrac{x^4+y^4}{x^2y^2} = ?$

   A) 2   B) $2\sqrt{2}$ C) 4   D) $4\sqrt{2}$ E) 16

6. $\dfrac{3^{12}-1}{3^8+3^4+1} = ?$

A) 12   B) 27   C) 80   D) 81   E) 92

7. $x^2 + 2x + 4 = 0 \Rightarrow 3x + \dfrac{12}{x} = ?$

A) 0   B) -2 C) -4 D) -6 E) 8

8. $\dfrac{a^2-64}{a^2-6a-16} : \dfrac{a+8}{a^2+10a+16} = 15 \Rightarrow a = ?$

A) 5   B) 6   C) 7   D) 8   E) 16

9. $x^6 - x^4 - 2x^3 - (x^4 \cdot x^2 - x^3) = ?$

A) x^6 B) $-x^4 - x^2$ C) $-x^4 \cdot x$

D) $x^3 - x^4$ E) $-x^3 \cdot (x+1)$

10. $\left(\dfrac{2}{a} - \dfrac{a}{2}\right)^2 - \left(\dfrac{a}{2} - \dfrac{2}{a}\right)^2 = ?$

A) 0   B) 1   C) $4a$ D) $\dfrac{8}{a}$ E) 32

11. $(a - b + c)^2 - (a + b - c)^2 = ?$

A) $2b - c$ B) $4a(b - c)$

C) $4a(c - a)$

D) $2b - a$ E) $c - b$

12. $\dfrac{1}{a-1} + \dfrac{2a-a^2}{1-a} = 12 \Rightarrow a = ?$

A) 10 B) 11 C) 12 D) 13 E) 14

13. $\dfrac{8a^2 - 2b^2}{8a^2 - 8ab + 2b^2} = ?$

A) $\dfrac{b+2a}{-b}$ B) $\dfrac{a+b}{b-2a}$ C) $\dfrac{b+2a}{-b+2a}$

D) $\dfrac{b \cdot a}{b+a}$ E) $\dfrac{2a}{b}$

14. $\dfrac{x^2 - yx - x + y}{x-1} = ?$

A) $y - x$ B) $x - y$ C) $y + 1$ D) $x + 2$
 E) $x - 1$

15. $\dfrac{x^3 + y^3}{(x-y)^2 + xy} = ?$

A) $x - y$ B) $y + 1$ C) $y + 2x$ D) $x^2 - y^2$
 E) $2x$

16. $x + \dfrac{1}{x} = 4 \Rightarrow x^2 - \dfrac{1}{x^2} = ?$

A) 10 B) 12 C) $2\sqrt{3}$ D) 6 E) $8\sqrt{3}$

17. $a - b = b - c = 4 \Rightarrow a^2 + c^2 - 2a.c = ?$

A) 0   B) 4   C) 8   D) 16   E) 64

18. $\dfrac{a^3+b^3}{a^2-ab+b^2} : \dfrac{(a+b)}{4} = ?$

A) 0   B) 1   C) 2   D) 3   E) 4

19. $a = 2b \Rightarrow \dfrac{a^2-4ab}{4b^2-ab} = ?$

A) 0   B) -1 C) -2 D) 4   E) 1

20. $\dfrac{2ab\left(\dfrac{1}{4a^2}-\dfrac{4}{b^2}\right)}{b-4a} = ?$

A) $\dfrac{b+4a}{2ab}$ B) $\dfrac{a-4b}{2}$ C) $\dfrac{b-2a}{ab}$

D) $\dfrac{a-2b}{b}$ E) $\dfrac{b-4a}{2ab}$

21. $\dfrac{(x-2).y^x}{y^x+1} + \dfrac{2}{y} = ?$

A) $\dfrac{x}{y+x}$ B) $\dfrac{x+y}{x}$ C) $\dfrac{x-y}{x}$

D) $\dfrac{x}{y}$ E) $\dfrac{y}{x}$

Answers					
1.E	2.D	3.D	4.D	5.C	6.C
7.D	8.C	9.E	10.A	11.C	12.D
13.C	14.B	15.B	16.E	17.E	18.E
19.C	20.A	21.D			

TEST 2

1. $3x^2y - 6x^2y - 2 - 9xy^3 = ?$

A) $3y(x^2 - 2x^2y - 3y^2)$
B) $3xy(x - 2xy - 3y^2)$
C) $2xy(x - 2y - 3y^2)$
D) $3xy(x^2 + 2xy + 3x^2)$
E) $3xy(x - 2y + y^2)$

2. $\dfrac{a^2-b^2}{4a^2+4ab} = ?$

A) $\dfrac{a-b}{4a}$
B) $\dfrac{a+b}{a-b}$
C) $\dfrac{a+b}{2(a-b)}$
D) $\dfrac{a+b}{5a}$
E) $\dfrac{a+b}{4a}$

3. $\left.\begin{array}{l} a^2 + b^2 = 10 \\ a^3b + a^2b^2 + ab^3 = 39 \end{array}\right\} \Rightarrow a + b = ?$

A) 1   B) 2   C) 3   D) 4   E) 5

4. $\dfrac{a+1}{\sqrt{a}} = 3 \Rightarrow a^2 + \dfrac{1}{a^2} = ?$

A) 52   B) 48   C) 47   D) 41   E) 27

5. $20x^2 - 19x + 3 = ?$

A) $(4x+3)(5x-1)$ B) $(4x-3)(5x-1)$

C) $(4x+3)(5x+1)$ D) $(5x+3)(4x+1)$

E) $(20x+1)(x+3)$

6. $(a^2+5a-14) : \dfrac{a^2-4}{5a} = ?$

A) $\dfrac{5a(a+7)}{a+2}$ B) $\dfrac{a+2}{5a}$ C) $\dfrac{5a(a+2)}{a-2}$

D) $\dfrac{5a}{a+2}$ E) $\dfrac{a+7}{a+2}$

7. $x+y = \dfrac{2}{5} \Rightarrow \dfrac{x(y-2)-y(x-2)}{x^2-y^2} = ?$

A) -5 B) -4 C) -3
D) 4 E) 7

8. $\dfrac{(2x-1)^2 - x^2}{3x^2 - 4x + 1} = ?$

A) 1 B) $x-1$ C) $x+1$

D) $\dfrac{x-1}{3}$ E) $\dfrac{x-1}{x+1}$

9. $\dfrac{4x^2 - y^2 - 4x + 1}{4x^2 - y^2 - 2y - 1} = ?$

A) $\dfrac{2x+y+1}{2x-y-1}$ B) $\dfrac{2x-y-1}{2x+y+1}$ C) $\dfrac{2x+y-1}{2x+y+1}$

D) $\frac{2x+y+1}{2x+y+1}$ 	 E) $\frac{2x-y-1}{2x+y-1}$

10. $\frac{x^2-5x-6}{x^{n+1}-6x^n} : \frac{x+1}{x^{n+1}} = ?$

A) 1 	 B) x 	 C) $2x$ 	 D) $3x$ 	 E) $\frac{x}{x^n}$

11. $\left(\frac{2x^2-x-3}{x^2-1}\right) \cdot \left(1-\frac{1}{x}\right) = ?$

A) $\frac{x+1}{x}$ 	 B) $2-\frac{3}{x}$ 	 C) $3-\frac{1}{x}$ 	 D) $2x+1$ 	 E) $2x+3$

12. $a^2 + 2bc - b^2 - c^2 = ?$

A) $(a-b-c)(a-b+c)$ 	 B) $(a-b-c)(a+b+c)$

C) $(a-b+c)(a-b+c)$ 	 D) $(a+b)(a-b+c)$

E) $(a+b)(a+b+c)$

13. $\left(\frac{a}{2}-\frac{2}{a}\right)^2 - \left(\frac{a}{2}+\frac{2}{a}\right)^2$

A) -1 	 B) -2 	 C) -4 	 D) -8 	 E) -12

14. $x - \frac{1}{x} = 3\sqrt{5} \Rightarrow x^3 + \frac{1}{x^3} = ?$

A) $3\sqrt{7}$ 	 B) $6\sqrt{13}$ 	 C) 5 	 D) 300 	 E) 322

15. $\left(\dfrac{x^2+xy}{xy+y^2} - \dfrac{xy-y^2}{x^2-xy}\right) : \left(\dfrac{1}{y} - \dfrac{1}{x}\right) = ?$

A) x B) $x - y$ C) y D) $x + y$ E) $\dfrac{x-y}{x+y}$

16. $\dfrac{1}{x} + \dfrac{1}{y} + \dfrac{1}{z} = 6$,

$x + y + z = 2xyz$

$\Rightarrow \dfrac{1}{x^2} + \dfrac{1}{y^2} + \dfrac{1}{z^2} = ?$

A) 30   B) 32   C) 34   D) 36   E) 40

17. $x^2 + 4x + y^2 + 6y = -13 \Rightarrow x^2 - y^2 = ?$

A) -6 B) -5 C) -1 D) 4   E) 5

18. $x > 2, x \in R \Rightarrow \dfrac{x^3-8}{\sqrt{x^2-4x+4}} + \dfrac{x^3+8}{\sqrt{x^2+4x+4}} = ?$

A) $x^2 - 7$ B) $x^2 + 6$ C) $x^2 + 4$

D) $2(x^2 + 4)$ E) $2(x^2 - 1)$

19. $\dfrac{a^2}{(a-b)^2} - \dfrac{a}{a-b} = ?$

A) $\dfrac{b}{(a-b)^2}$ B) $\dfrac{a+b}{a-b}$ C) $\dfrac{a-1}{a+b}$

D) $\dfrac{ab}{(a-b)^2}$ E) $\dfrac{a^2}{(a-b)^2}$

Answers						
1.B	2.A	3.D	4.C	5.B	6.A
7.A	8.A	9.C	10.B	11.B	12.C
13.C	14.E	15.D	16.B	17.B	18.D
19.D						

TEST 3

1. $\dfrac{6x^2-13x-5}{4x^2-25} = ?$

A) $\dfrac{2x+3}{2x-5}$
B) $3x+1$
C) $\dfrac{3x-1}{2x+5}$

D) $\dfrac{2x+1}{x-5}$
E) $\dfrac{3x+1}{2x+5}$

2. $\dfrac{x^2+2x-3}{x^2+3x} : \dfrac{x^2-4x+3}{x^3-9x} = ?$

A) $x+3$
B) x
C) $x-3$
D) $x-1$
E) $\dfrac{x+3}{x}$

3. $\dfrac{x^3+27}{x^2-9} : \dfrac{x^2-3x+9}{x^2-3x} = ?$

A) 1
B) $x-3$
C) x
D) $x+3$
E) $\dfrac{x}{x+3}$

4. $\dfrac{a}{a-\frac{a+b}{2}} + \dfrac{b}{b-\frac{a+b}{2}} = ?$

A) 1
B) $a-b$
C) 2
D) $\dfrac{a}{b}$
E) $a+b$

5. $\dfrac{a^2+2a-3}{a^3+5a^2+6a} : \dfrac{a^2-3a+2}{a^3-4a} = ?$

A)1 B)$a+1$ C)—1 D)a^2 E)$\frac{1}{a}$

6. $\dfrac{a^3-a^2}{3(a+1)} : \dfrac{a^2-1}{(a^2+a)^2} = ?$

A)$\frac{1}{3}$ B)$\frac{a^2}{3}$ C)$\frac{a^4}{3}$ D)$\frac{a}{3}$ E)$\frac{1}{a}$

7. $\left(\dfrac{x+1}{x-1} - \dfrac{x-1}{x+1}\right) \cdot \left(x - \dfrac{1}{x}\right) = ?$

A)x B)$\frac{1}{x+1}$ C)$\frac{4}{x+1}$ D)4   E)8

8. $\left(\dfrac{\frac{x^2}{2}-2}{\frac{x}{2}+1}\right) : \left(\dfrac{x}{2} - 1\right) = ?$

A)$x+1$ B)$x-2$ C)$\frac{2}{x}$ D)1   E)2

9. $\left(x^2 + \dfrac{1}{x}\right) : \dfrac{x^2-x+1}{x^2-x} = ?$

A)$x-1$ B)$\frac{x+1}{x}$ C)$\frac{x}{x+1}$ D)x^2-1 E)x^2

10. $\dfrac{x+4+\frac{4}{x}}{x+1-\frac{2}{x}}=?$

A) $\dfrac{x+2}{x}$ 　　　B) $\dfrac{x}{x-1}$ 　　　C) $x+1$ 　　　D) $\dfrac{x-2}{x+1}$ 　　　E) $\dfrac{x+2}{x-1}$

11. $\dfrac{a^4+a^2+1}{a^3+1}:\dfrac{a^2+a+1}{a^2-1}=?$

A) a^2+1 　　　B) $(a+1)^2$ 　　　C) $(a-1)^2$ 　　　D) $a-1$ 　　　E) $\dfrac{(a+1)^2}{a-1}$

12. $\left(\dfrac{1}{x}+\dfrac{1}{y}\right):\left(\dfrac{x^2-y^2}{xy}\right)=?$

A) $x-y$ 　　　B) $x+y$ 　　　C) $\dfrac{1}{x-y}$ 　　　D) $\dfrac{1}{x+y}$ 　　　E) $\dfrac{x-y}{xy}$

13. $\left(\dfrac{(a+b)^2-4ab}{a^2-ab}\right):\left(\dfrac{a}{b}-1\right)=?$

A) ab 　　　B) $a-b$ 　　　C) b 　　　D) $\dfrac{a}{b}$ 　　　E) $\dfrac{b}{a}$

14. $\left(\dfrac{x^4-y^4}{2x}\right)\cdot\left(\dfrac{1}{x+y}+\dfrac{1}{x-y}\right)=?$

A) $x+y$
B) $x^2 -y^2$
C) $\frac{x+y}{x}$
D) x^2+y^2
E) $\frac{x^2-y^2}{2}$

15. $\dfrac{b+\frac{a^2}{b}+a}{\frac{1}{a}+\frac{1}{b}} : \dfrac{a^3-b^3}{a^2-b^2} = ?$

A) b
B) $a-b$
C) $a+b$
D) a
E) $\frac{1}{a}$

16. $\dfrac{x^4-5x^2+4}{x^2-x-2} : \dfrac{x^2+x-2}{x} = ?$

A) 1
B) $\frac{x}{x+1}$
C) x
D) $\frac{x+1}{x-2}$
E) $\frac{x}{x-2}$

17. $\left(\dfrac{3x^2-20}{x-5}+\dfrac{x^2+30}{5-x}\right):\left(1+\dfrac{5}{x}\right) = ?$

A) 2
B) x
C) $\frac{x}{2}$
D) $2x$
E) $x-5$

18. $\dfrac{a^3-b^3}{a^2+ab+b^2} : \dfrac{a^2+ab-2b^2}{a^2+2ab} = ?$

A) 1
B) a
C) B
D) $a+b$
E) $\frac{a-b}{a}$

19. $\left(\dfrac{2x}{x^2-1}-\dfrac{x}{1-x}-\dfrac{1}{x+1}\right)\cdot\left(1-\dfrac{1}{x}\right) = ?$

A) $\frac{x-1}{x+1}$ B) $\frac{x+1}{x}$ C) $2x-1$

D) $\frac{x}{x+1}$ E) $x-3$

20. $\left(\frac{4}{x^2-4} - \frac{1}{x+2} - \frac{1}{x-2}\right) : \frac{x-1}{x^2+x-2} = ?$

A) -2 B) 4 C) $x-2$ D) $x+1$ E) $x-3$

21. $\frac{a^2b^2 - a^2 - b^2 + 1}{(ab+1)^2 - (a+b)^2} = ?$

A) 1 B) a C) ab D) b E) $2ab$

Answers					
1.E	2.A	3.C	4.C	5.A	6.C
7.D	8.E	9.D	10.E	11.D	12.C
13.E	14.D	15.D	16.C	17.D	18.B
19.E	20.A	21.A			

TEST 4

1. $a + b = 2 \Rightarrow a^3 + b^3 + 6ab = ?$

   A) 2 B) 4 C) 8 D) 16 E) 14

2. $x, y \in Z^+$,

   $x^2 - y^2 = 19 \Rightarrow 2x - y = ?$

   A) 11 B) 13 C) 17 D) 21 E) 30

3. $a - b = 7 \quad a^2 - b^2 - 54 = 0 \Rightarrow a = ?$

   A) 2 B) 3 C) 38 D) 48 E) 58

4. $\left. \begin{array}{l} x + y = 8 \\ x \cdot y = 8 \end{array} \right\} \Rightarrow x^2 + y^2 = ?$

   A) 18 B) 28 C) 38 D) 48 E) 58

5. $9x^2 - 6xy + y^2 = 0 \Rightarrow \frac{x+y}{x-y} = ?$

   A) -2 B) -1 C) 0 D) 1 E) 2

6. $a + b = 11, c = 5 \Rightarrow a^2 - c^2 + 2ab + b^2 = ?$

   A) 56 B) 69 C) 96 D) 102 E) 112

7. $\left.\begin{array}{l}a - b = 10 \\ a.b = -15\end{array}\right\} \Rightarrow a^2 + b^2 = ?$

A) 80   B) 70   C) 60   D) 45   E) 35

8. $\left.\begin{array}{l}x + y = 17 \\ x^2 - y^2 = 17\end{array}\right\} \Rightarrow x^3 + y^3 = ?$

A) 564   B) 517   C) 473   D) 324   E) 257

9. $x + \dfrac{1}{x} = \dfrac{5}{2} \Rightarrow \sqrt{x} - \dfrac{1}{\sqrt{x}} = ?$

A) $\dfrac{\sqrt{2}}{2}$ B) $\dfrac{\sqrt{2}}{3}$ C) $\dfrac{\sqrt{3}}{2}$ D) $\dfrac{\sqrt{3}}{3}$ E) 1

10. $\dfrac{(x+y)^2 - 4(x+y)}{(x+y)^2 - 16} = ?$

A) $\dfrac{1}{2}$ B) $\dfrac{x+y}{x+y+2}$ C) $\dfrac{3}{7}$ D) $\dfrac{x+y}{x+y+4}$ E) $\dfrac{6}{7}$

11. $x, y \in R^+$ $\left.\begin{array}{l}x + y = 4 \\ \dfrac{1}{x} + \dfrac{1}{y} = 2\end{array}\right\} \Rightarrow x.y = ?$

A) 0   B) 1   C) 2   D) 3   E) 4

12. $\left.\begin{array}{l}x^2 - xy = 13\\ y^2 - xy = 12\end{array}\right\} \Rightarrow |x - y| = ?$

A) 6 B) 5 C) 3 D) 2 E) 1

13. $a - \frac{1}{a} = \sqrt{3} \Rightarrow a + \frac{1}{a} = ?$

A) $\sqrt{7}$ B) $\sqrt{6}$ C) $2\sqrt{6}$ D) $2\sqrt{7}$ E) $3\sqrt{7}$

14. $(92)^2 - (18)^2 = a \cdot 814 \Rightarrow a = ?$

A) 6 B) 7 C) 8 D) 9 E) 10

15. $\left.\begin{array}{l}a = x^3 - 3x^2y\\ a = y^3 - 3y^2x\end{array}\right\} \Rightarrow (x + y) = ?$

A) x B) $2x$ C) $3x$ D) $4x$ E) $5x$

16. $A = (a - 1)^2 - 2(a - 1)(b - 1) + (b - 1)^2$

    $B = a^2 - b^2 \Rightarrow \frac{A}{B} = ?$

A) $\frac{a-1}{b+1}$ B) $\frac{a-1}{a+b}$ C) $\frac{a+b}{a-b}$ D) $\frac{a-b}{a+b}$ E) $\frac{a+b}{a+1}$

17. $\frac{x(a^2)+y(a)+z}{a^2+3a-10} = \frac{3a-1}{a-2} \Rightarrow x + y + z = ?$

A) -8 B) -6 C) 6 D) 10 E) 11

18. $a(a+b) = 57$

$b^2\left(\dfrac{a}{b}+1\right) = 64 \Rightarrow a+b = ?$

A) 12   B) 11   C) 10   D) 9   E) 8

19. $\left.\begin{array}{l} x-y = 3 \\ x \cdot y = 2 \end{array}\right\} \Rightarrow x^3 - y^3 = ?$

A) 5   B) 15   C) 25   D) 35   E) 45

20. $\left.\begin{array}{l} a+b = -4 \\ \dfrac{1}{a}+\dfrac{1}{b} = \dfrac{1}{3} \end{array}\right\} \Rightarrow a-b = ?$

A) -16 B) -12 C) -10 D) -8 E) -6

21. $\sqrt{a} + \dfrac{1}{\sqrt{a}} = \sqrt{6} \Rightarrow a^2 + \dfrac{1}{a^2} = ?$

A) 14   B) 16   C) 20   D) 24   E) 36

22. $\left.\begin{array}{l} x^2 + xy = 4 \\ y^2 + xy = 12 \end{array}\right\} \Rightarrow \dfrac{x-y}{x+y} = ?$

A) -1 B) $-\dfrac{1}{2}$ C) $-\dfrac{2}{3}$ D) $-\dfrac{3}{4}$ E) $-\dfrac{4}{3}$

23. $\left.\begin{array}{l}\frac{3}{a}-\frac{2}{b}=1\\\frac{9}{a}+\frac{4}{b}=1\end{array}\right\} \Rightarrow a.b=?$

A) -4 B) -9 C) -16 D) -25 E) -36

24. $\frac{a^2+3a+x}{(a-1)(a+1)}=\frac{a+y}{a+1} \Rightarrow x+y=?$

A) -4 B) -3 C) -3 D) 0 E) 1

25. $4x^2+\frac{1}{x^2}=12 \Rightarrow 2x+\frac{1}{x}=?$

A) 3 B) 4 C) 12 D) 16 E) 32

26. $(x+2y)^2+(y-2)^2=0 \Rightarrow x\cdot y=?$

A) 10 B) 8 C) -6 D) -7 E) -8

27. $a^2+a=3 \Rightarrow \frac{a^5-a^2}{a^3-a^2}+\frac{a^4+a}{a^2-a+1}=?$

A) 3 B) 4 C) 6 D) 7 E) 10

28. $\frac{1}{a}+a=3 \Rightarrow a^4+a^3+a=?$

A) $8a-7$ B) $14a-9$ C) $12a-3a$

D)$30a-11$ E)$30a-19$

29. $a,b \in Z^+, a^2-b^2=29, \ a=Kb \Rightarrow K=?$

A)$\frac{12}{17}$ B)$\frac{17}{13}$ C)$\frac{15}{14}$ D)$\frac{11}{9}$ E)$\frac{18}{17}$

Answers					
1.C	2.A	3.B	4.D	5.A	6.C
7.B	8.C	9.A	10.D	11.C	12.B
13.A	14.E	15.B	16.D	17.E	18.B
19.E	20.D	21.A	22.B	23.D	24.C
25.B	26.E	27.D	28.D	29.C	

TEST 5

1. $\begin{matrix} x^2 - xy = 3 \\ xy - y^2 = 2 \end{matrix} \Rightarrow |x - y| = ?$

   A) 0   B) 1   C) 2   D) 3   E) 4

2. $\begin{matrix} a^2 - b^2 = 17 \\ b^2 - c^2 = 19 \\ a + c = 12 \end{matrix} \Rightarrow a - c = ?$

   A) 3   B) 4   C) 5   D) 6   E) 7

3. $x < 0, y < 0, x < y \in R$

   $2x^2 - xy - 3y^2 = 0 \Rightarrow \dfrac{9y^2 - 4x^2}{x^2 - 3xy} = ?$

   A) -2 B) $-$ C) 0   D) 1   E) 2

4. $a + 2b = 5, a \cdot b = 2 \Rightarrow a^3 + 8b^3 = ?$

   A) 28   B) 36   C) 49   D) 65   E) 82

5. $a + b = 11, a - b = 6 \Rightarrow a^2 - b^2 + a + b = ?$

   A) 17   B) 33   C) 48   D) 56   E) 77

6. $x + \frac{1}{x} = p \Rightarrow x^2 + \frac{1}{x^2} = ?$

A) p^2 B) $2p$ C) $p^2 - 2$ D) $p^2 + 2$ E) $p^2 - 4$

7. $x - \frac{1}{x} = p \Rightarrow x^2 + \frac{1}{x^2} = ?$

A) $p^2 - 1$ B) $p^2 + 2$ C) $2p + 1$ D) $2p - 1$ E) $p^2 - 2$

8. $\left. \begin{array}{l} a^2 + ab = 21 \\ ab + b^2 = 15 \end{array} \right\} \Rightarrow a + b = ?$

A) 2 B) 3 C) 4 D) 5 E) 6

9. $a + b + c = 10, ab + ac + bc = 31 \Rightarrow a^2 + b^2 + c^2 = ?$

A) 38 B) 40 C) 48 D) 50 E) 52

10. $\left(\frac{x}{y} - \frac{y}{x} \right)^2 = 5 \Rightarrow \frac{x}{y} + \frac{y}{x} = ?$

A) 1 B) 2 C) 3 D) 4 E) 5

11. $\left. \begin{array}{l} x^3 - 3x^2 y = 65 \\ 3xy^2 - y^3 = 60 \end{array} \right\} \Rightarrow x - y = ?$

A) 3 B) 4 C) 5 D) 6 E) 7

12. $a - b = 3, ab = 8 \Rightarrow a^3 - b^3 = ?$

A) 72   B) 88   C) 94   D) 99   E) 111

13. $a + \frac{1}{a} = 4 \Rightarrow a^3 + \frac{1}{a^3} = ?$

A) 42   B) 48   C) 50   D) 52   E) 56

14. $a^3 + b^3 = 91, ab(a+b) = 84 \Rightarrow a + b = ?$

A) 5   B) 6   C) 7   D) 8   E) 9

15. $x = 3 \cdot \sqrt[3]{2} + 1 \Rightarrow x^3 - 3x^2 + 3x = ?$

A) 27   B) 39   C) 47   D) 55   E) 63

16. $x^2 - 8x + 15 = A \cdot B \Rightarrow \frac{A+B}{2} = ?$

A) $x + 1$ B) $x - 3$ C) $x + 2$ D) $x - 6$ E) $x - 4$

17. $x^2 + mx + 12 = (x - 2) \cdot A \Rightarrow A = ?$

A) $x + 6$ B) $x - 6$ C) $x + 2$ D) $x - 3$ E) $x - 12$

18. $a+b=1 \Rightarrow \dfrac{a^2-3a+2}{a+ab-b-1}=?$

A) -1 B) $a-b$ C) $2b$ D) 1 E) 2

19. $a+c=3, b+2=0 \Rightarrow$

$\dfrac{a+b-c}{a+b+c} : (a^2-b^2-c^2+2bc) = ?$

A) 6 B) -3 C) 1 D) $\dfrac{1}{3}$ E) $\dfrac{1}{5}$

20. $\left.\begin{array}{l} mx+ny=12 \\ nx+my=8 \\ m+n=4 \end{array}\right\} \Rightarrow x+y=?$

A) 6 B) 5 C) 4 D) 3 E) 2

21. $\left.\begin{array}{l} x+y=2\sqrt{3}-1 \\ y-x=\sqrt{3}+1 \end{array}\right\} \Rightarrow x^2-y^2+2x+1=?$

A) $-\sqrt{6}$ B) 5 C) -6 D) $4\sqrt{3}+1$ E) 12

22. $x-z=z-y=3 \Rightarrow x^2+y^2-2z^2=?$

A) 6 B) 9 C) 12 D) 15 E) 18

23. $a^2=2a-1 \Rightarrow a^5=?$

A) $32a - 1$ B) $5a - 4$ C) $-4a + 3$

D) $a - 18$ E) $7a - 3$

24. $x - \frac{1}{x} = 3 \Rightarrow \left(x^2 + \frac{1}{x^2}\right) = ?$

A) 64   B) 81   C) 100   D) 119   E) 144

25. $x - \frac{1}{x} = 4\sqrt{2} \Rightarrow x + \frac{1}{x} = ?$

A) 4   B) 6   C) $4\sqrt{2} +$ 2   D) $8\sqrt{2}$ E) 18

26. $a = 2^x + 2^y$, $b = 2^x - 2^y$, $a^2 - b^2 = 64 \Rightarrow x + y = ?$

A) 1   B) 2   C) 3   D) 4   E) 5

27. $a.b \in Z^+$, $9a^2 - b^2 = 23 \Rightarrow a + b = ?$

A) 9   B) 11   C) 13   D) 14   E) 15

28. $a^2 - 5a - 1 = 0 \Rightarrow a^2 + \frac{1}{a^2} = ?$

A) 13   B) 18   C) 25   D) 27   E) 36

Answers					
1.B	2.A	3.C	4.D	5.E	6.C

7.B	8.E	9.A	10.C	11.C	12.D
13.D	14.C	15.D	16.E	17.B	18.A
19.E	20.B	21.C	22.E	23.B	24.D
25.B	26.D	27.E	28.D		

TEST 6

1. $\dfrac{a^3-9a-a^2b+9b}{a^2-ab-3a+3b}=?$

A) $a+3$ B) $a-3$ C) $3-a$ D) $a-9$ E) $a+9$

2. $(61)^2-(60)^2=?$

A) 121 B) 241 C) 660 D) 1001 E) 3599

3. $\dfrac{a^2}{a-b}+\dfrac{b^2}{b-a}=?$

A) $2a$ B) b C) $a-b$ D) $\dfrac{a+b}{b-a}$ E) $a+b$

4. $\left(a-\dfrac{b^2}{a}\right):\left(1+\dfrac{b}{a}\right)=?$

A) 1 B) a C) b D) $a-b$ E) $\dfrac{a}{b}$

5. $\left(1-\dfrac{5}{x}\right):\left(1-\dfrac{25}{x^2}\right)=?$

A) x B) $x-5$ C) $\dfrac{x}{x+5}$ D) $\dfrac{x}{x-5}$ E) $\dfrac{x-5}{x+5}$

6. $(3x^2-3)^2-(2x^2-2)^2=?$

A)5 B)$x-1$ C)$x+1$ D)x^2+1
E)$5(x^2-1)^2$

7. $\dfrac{x^2-2x-3}{x-3}=?$

A)$x-1$ B)$x+2$ C)$x+1$ D)$x-3$ E)$x+4$

8. $\dfrac{1+\frac{1}{a}+\frac{1}{a^2}}{1+2a+a^2} : \dfrac{a^3-1}{a^5-a^3}=?$

A)$\dfrac{1}{1+a}$ B)$\dfrac{1}{a(a+1)}$ C)$\dfrac{a}{a+1}$ D)$\dfrac{a^2}{a-1}$ E)$\dfrac{a+1}{a-1}$

9. $\dfrac{a^3-a^2b+b^3-ab^2}{a^2-2ab+b^2}=?$

A)$\dfrac{a}{b}$ B)b C)a D)$a-b$ E)$a+b$

10. $x \in R^+, \ x-x^{-1}=2\sqrt{5} \Rightarrow x+\dfrac{1}{x}=?$

A)4 B)$4\sqrt{3}$ C)$3\sqrt{5}$ D)8 E)$2\sqrt{6}$

11. $(3x+2)^3 = 27x^3+mx^2+nx+8 \Rightarrow m+n=?$

A)54 B)60 C)70 D)80 E)90

12. $\dfrac{(x-2)^3}{x^3-8} : \dfrac{x^2-4x+4}{x^2+2x+4} = ?$

A) 1   B) $x-2$ C) x^2-4 D) $(x-2)^2$ E) $x+2$

13. $\dfrac{x^2+x-6}{x^3-8} : \dfrac{2x^2+6x}{x^2+2x+4} = ?$

A) $2x$ B) $\dfrac{1}{2x}$ C) $x+3$ D) $x(x+2)$ E) x^2-2x

14. $\dfrac{x^6-y^6}{x^4+x^2y^2+y^4} = ?$

A) x^2+y^2 B) x^2-y^2 C) x^3-y^3 D) $\dfrac{x^3+y^2}{x-y}$ E) x^2y^2

15. $\left(x^2+xy+y^2+\dfrac{2y^3}{x-y}\right) : \left(x+\dfrac{y^2}{x-y}\right) = ?$

A) $x+y$ B) $x-y$ C) $\dfrac{x+y}{x-y}$ D) $\dfrac{y^2}{x+y}$ E) y^2

16. $\dfrac{a^4b-ab^4}{a^3b+a^2b^2+ab^3} : \dfrac{a^2-3ab+2b^2}{4b^2-a^2} = ?$

A) $a+b$ B) $2a-b$ C) $-a-2b$ D) $a-3b$ E) $a-b$

17. $\dfrac{m^3+m^2n+mn^2}{m^3+mn^2} : \dfrac{m^3-n^3}{m^4-n^4} = ?$

A) $m-n^2$ B) m^2+n^2 C) n D) m E) $m+n$

18. $\dfrac{a^3-16a-a^2b+16b}{a^2-ab-4a+4b} = ?$

A) $a+4$ B) $a-4$ C) $16-a$ D) $a+16$ E) a^2-16

19. $\left(\dfrac{61^2-59^2}{31^2-29^2}\right)^3 = ?$

A) 1 B) 8 C) 27 D) 64 E) 125

20. $\left(\dfrac{3}{2x-1} - \dfrac{1}{x+2} - \dfrac{5}{2x^2+3x-2}\right) \cdot (4x^2-1) = ?$

A) 1 B) 0 C) $2x-1$ D) $2x+1$ E) $\dfrac{1}{x-1}$

21. $\left(\dfrac{1}{x-y} - \dfrac{1}{x+y} + \dfrac{2y}{x^2-y^2}\right)(x^2-y^2) = ?$

A) y B) $4y$ C) $x-y$ D) 1 E) $1-2y$

22. $\left(\dfrac{4-\frac{1}{x^2}}{2-\frac{1}{x}}\right) \cdot \left(\dfrac{x^2}{2x^2+x}\right) = ?$

A) $\dfrac{1}{x}$ B) x C) x^2 D) $1-x$ E) 1

Answers					
1.A	2.A	3.E	4.D	5.C	6.E
7.C	8.D	9.E	10.E	11.E	12.A
13.B	14.B	15.A	16.C	17.E	18.A
19.B	20.D	21.B	22.E		

www.ingramcontent.com/pod-product-compliance
Lightning Source LLC
Chambersburg PA
CBHW070315220526
45465CB00004B/1864